好汤养出好气色

女人你要多喝汤

周小雨　主编

青岛出版社
QINGDAO PUBLISHING HOUSE

图书在版编目（CIP）数据

好汤养出好气色：女人你要多喝汤 / 周小雨主编. -- 青岛 : 青岛出版社, 2017.3
ISBN 978-7-5552-5114-9

Ⅰ.①好… Ⅱ.①周… Ⅲ.①保健－汤菜－菜谱Ⅳ.①TS972.122.2

中国版本图书馆CIP数据核字(2017)第010462号

书　　名	好汤养出好气色：女人你要多喝汤
主　　编	周小雨
出版发行	青岛出版社
社　　址	青岛市海尔路182号（266061）
本社网址	http://www.qdpub.com
邮购电话	13335059110　0532-68068026
图文制作	深圳市金版文化发展股份有限公司
策划编辑	周鸿媛
责任编辑	杨子涵
印　　刷	青岛海蓝印刷有限责任公司
出版日期	2017年6月第1版　2017年6月第1次印刷
开　　本	16开（710mm×1010mm）
印　　张	10
字　　数	100千
图　　数	388幅
印　　数	1-8000
书　　号	ISBN 978-7-5552-5114-9
定　　价	36.00元

编校印装质量、盗版监督服务电话：4006532017　0532-68068638
建议陈列类别：美食类　生活类

爱自己，从一碗汤开始

女人都希望有两样东西永远不老：爱情，容颜。

可试过了各种护肤品，容颜却怎么也抵挡不住岁月的侵袭。

其实由内而外的美丽才真实而长久，

喝碗滋补靓汤调养身体是有效的方法。

现代养生学表明：汤汤水水不仅能补充人体营养，

还能为肌肤补充水分。

因此，不管你是想要白里透红的好气色、美美的不老容颜，

还是希望保持不盈一握的小蛮腰，

一碗合适的滋补汤都能帮你实现这些愿望。

除此之外，汤汤水水还有更多的魔力：

改善上班族的亚健康状态，

帮助新手妈妈们远离孕产期的不适，

缓解女人生理期的身体不适……

女人爱自己，不妨从为自己煲一碗汤开始。

目录 Contents

第一章
我的煲汤秘诀

第二章
滋补养颜汤，留住美丽

第三章

五脏调养汤，从里美到外

第四章

这些汤可改善上班族的亚健康状态

第五章

孕产妇调理养生汤

第一章

我的煲汤秘诀

一碗汤，无论是在身心疲惫之时，
抑或是身体不适之时，
都可以成为最温暖的安慰。
那么如何才能煲出一锅好汤呢？
本章将带你了解煲汤的入门常识，
帮助你轻松煲出靓汤。

煲一碗好汤的小技巧

　　一碗温润的滋补靓汤的确是对身心最好的犒劳。煲汤虽然看似不难，但也绝不仅仅是把所有原材料都扔进砂锅去煮那么简单。想要煲出一锅美味又营养的好汤，除了要准备好的锅具外，还要了解各类汤底的制作方法，这些可以为汤带来更好的口感。

选好锅具

古语有云："工欲善其事，必先利其器。"我们想要煲出美味的汤，就要先了解制汤都要准备哪些器具。

漏勺

漏勺常用来捞出余水的食材，方便快捷。

砂锅

煲制地道的老火靓汤时多选用质地细腻的砂锅，其保温能力强，但不耐温差变化，主要用于小火慢熬。新买的砂锅第一次应先用来煮粥，或是在锅底抹油、放置一天后洗净并煮一次水，然后再使用，可延长其寿命。

滤网

滤网是制作高汤时必须用到的器具之一。滤网可以将细小的杂质滤出，让汤品美味又美观，还可在煲汤完成后用其滤去表面油沫和汤底残渣。

汤勺

汤勺有不锈钢、塑料、陶瓷、木质等多种材质。煲汤时可选择耐用、易保存的不锈钢材质汤勺。塑料材质汤勺遇热可能产生有毒化学物质，不建议长期使用。

汤锅

汤锅有不锈钢和陶瓷等不同材质，部分可用于电磁炉。若要使用汤锅长时间煲汤，一定要盖上锅盖慢慢炖煮，这样可以避免热量流失，缩短加工时间。

煮好汤底——三种高汤的熬制法

鸡骨高汤

材料：鸡腿骨 4 只，虾皮 15 克，姜片、盐各少许

做法：
1. 将鸡腿骨、虾皮洗净。
2. 锅中加水，放入鸡腿骨，煮沸后撇去浮沫。
3. 放入姜片、虾皮，盖上锅盖，煮 30 分钟。
4. 调入少许盐拌匀，滤取汤汁即可。

蔬菜高汤

材料：白萝卜、胡萝卜、白菜、白洋葱各 100 克，西芹 50 克，西红柿 40 克，食用油少许

做法：
1. 将所有蔬菜切成碎末。
2. 锅中加入油烧热，放入洋葱末炒香。
3. 再下入剩余食材，炒至食材熟软，加入适量清水，以中大火煮 50 分钟，滤取汤汁即可。

泰式酸辣汤

材料：猪骨 500 克，香茅 10 克，洋葱 1 个，西红柿 2 个，辣椒酱 20 克，香醋 50 毫升

做法：
1. 洋葱、西红柿均切成末。
2. 锅中加入水烧开，放入猪骨，汆水后捞出。
3. 将所有材料（香醋除外）放入锅中，熬煮约 2 小时后加入香醋拌匀，滤取汤汁即可。

干贝

用清水将干贝浸泡15分钟左右，使其吸收水分自然回软，用手轻轻地将干贝洗净，同时去除干贝边角上的老筋。

枸杞

枸杞最好用冷水慢慢泡发，用沸水泡发会使其破裂。泡发时，要注意观察枸杞的状态，如果枸杞已经吸满水，开始下沉，表示已经完全泡发好了。

银耳

银耳宜用冷水泡发。将银耳根朝上放入容器中，加水至完全没过银耳，静置大约30分钟，再翻面，泡约30分钟，去根、杂质，洗净即可。

木耳

木耳最好用冷水泡发。用冷水发制木耳虽然需要的时间较长，但吃起来鲜嫩脆爽。如果用热水泡木耳，不仅不易充分涨发，而且口感会变得绵软发黏，其中不少营养成分也会被溶解而流失。

干黄花菜

在处理干黄花菜时要先泡后煮，先把黄花菜放在温水里，待其回软后捞出来，择去顶部的硬梗和杂质，换清水反复清洗几遍，再挤干水分即可使用。

干百合

干百合如果用于煲汤，只需将其洗净，放在准备好的容器中，加入适量的开水，加盖浸泡30分钟左右，取出后洗净、去除杂质，即可用于烹饪。

海带

海带含有褐藻胶、海藻酸，这些物质不溶于水，却都具有极强的吸水膨胀性能，因此海带一经吸水，表面就会出现黏稠胶体状物质。泡发海带最好的办法是先干蒸，将干海带放入蒸笼蒸半个小时，取出后先用食用碱搓一遍，然后用清水泡一天，这样泡发好的海带又脆又嫩。

干香菇

泡发干香菇的时候，最好用20℃~35℃的温水，这样既能使香菇更容易吸水变软，又能使其所含的鸟苷酸充分分解，散发出鲜味来。另外，浸泡的时间也不能太长，等菇盖全部软化，就要立即捞起滤干。

薏米

如果时间充足，可以用冷水泡发12小时以上。如果想要更快地泡发，可以用热水泡30分钟，但是煮制的时间会比用冷水泡发的薏米所用时间久。

绿豆

将绿豆洗净，放入碗中，倒入适量温水，泡发1小时，再放入锅中煲制，这样更容易煮烂。

常见的养颜食材

牛奶：消除小皱纹

牛奶是皮肤在夜间最喜爱的食物之一，具有天然保湿功效，还能起到收敛的作用，可以使肌肤更年轻、更光滑。

山药：改善肤色

山药含有蛋白质、糖类、维生素、脂肪、胆碱、淀粉酶等成分，能补气养阴，尤其适宜面色萎黄的女性食用。

花菜：防止色素沉着

花菜富含维生素 C 和胡萝卜素，能有效抑制黑色素的形成，预防雀斑的产生，还能滋润肌肤。

胡萝卜：防皱、美白

胡萝卜所含的 β-胡萝卜素可以抗氧化和美白肌肤，还可以清除肌肤的多余角质，延缓皱纹的产生。

西蓝花：保持皮肤弹性

西蓝花富含胡萝卜素、维生素 C，能增强皮肤的抗损伤能力，有助于保持皮肤弹性。

桑葚：淡化黑眼圈

桑葚可以补肝益肾、滋阴养血、护肤，尤其适合眼圈发黑的女性食用。

西红柿：防止皮肤晒伤

西红柿含有番茄红素，有助于减少皱纹，使皮肤细嫩光滑。常吃西红柿还可预防黑眼圈及防止晒伤。

猪蹄：嫩肤、美肤

猪蹄富含胶原蛋白和弹性蛋白，常食可减少皮肤皱纹，延缓皮肤细胞衰老，使皮肤光滑、柔润、细腻。

海带：赶走皮肤油腻

海带含有丰富的矿物质，常吃能调节血液酸碱度，防止皮肤分泌过多油脂。

薏仁：消除水肿

薏仁可促进体内血液循环、水分代谢，有助于改善水肿型肥胖。

黑豆：抗衰老

黑豆表皮中含有丰富的花青素，这种物质能够清除人体内的自由基，抗衰老，还有护眼的功效。

芦荟：排毒、美白

芦荟含有丰富的氨基酸和复合多糖物质，能补充肌肤中流失的水分，美白滋润肌肤，帮助修复受损肌肤。

煲美容滋养汤常用的中草药

莲子：清热去火

莲子含有淀粉、蛋白质、脂肪、钙、磷、铁等成分，是一种极好的药食两用食材，常用于食疗保健中。用莲子煲汤或者用莲子研粉做面膜，有清心安神、除皱纹、美白肌肤等功效。

挑选：莲子以颗粒大、饱满、整齐者为佳。

阿胶：补血佳品

阿胶能滋阴润肺、补血止血、止痛安胎。凡血虚、月经过多、气色差、唇甲色淡的女性，常吃阿胶有很好的改善作用。

挑选：优质阿胶的胶片呈棕褐色，色泽、大小、厚薄都很均匀，块形方正、平整，表面光亮。砸碎后加热水搅拌时易溶化，无肉眼可见颗粒状异物。

首乌：乌黑秀发

首乌主要含有大黄酚、大黄素、大黄酸、大黄素甲醚等活性成分，有补肝益肾、养血祛风、乌发的功效。

挑选：选购首乌时，应以表面棕红或红褐色，质地坚实，显粉性，味微甘而带苦涩者为佳。

桂圆肉：保持皮肤白里透红

桂圆肉含有葡萄糖、蔗糖、酒石酸、腺嘌呤、胆碱及蛋白质、脂肪等成分，可以直接吃，也可以煲汤，有补虚益智、补益心脾、养血安神的功效。

挑选：桂圆肉以颗粒圆整、大而均匀、肉质厚为佳；甜味足的分量也重。

当归：活血、调经、止痛

当归具有补血、调经、止痛、润燥滑肠的功效，是"血家圣药"。常饮放入当归煲的汤，可使皮肤白里透红、健康红润。当归研磨成粉后用来敷脸，可激发肌肤活力，防治黄褐斑、雀斑，使皮肤细嫩而富有光泽。

挑选：选购当归时，以主根粗长、皮细、油润，外皮呈棕黄色，断面呈黄白色，密度大，粉性足，香气浓郁的为佳。

红枣：补血养颜

红枣具有补脾和胃、益气生津、养血安神、缓和药性的功效，能促进人体细胞的新陈代谢，增强肌肉力量，消除疲劳，还可以扩张血管、增加心肌的收缩力。

储存：红枣在夏天时容易生虫子，应放在干燥处保存，以防虫蛀；也可放进冰箱冷藏。

第二章

滋补养颜汤，留住美丽

女人养颜如同养花，

需要耐心呵护，

要想让女人这朵"花"一直娇艳下去，

就必须真正做到由内到外地呵护，

经常食用滋养的汤品，

可以补充体内的阴津，

从而达到护肤养颜的目的。

气血双补，面若桃花

玫瑰红莲银耳汤

烹饪时间 145 分钟

原料 ingredients

鸡肉 180 克，干玫瑰花 10 克，干红莲子 20 克，干百合 15 克，干桂圆肉 20 克，红枣 30 克，干银耳 15 克

调料 seasonings

盐 3 克，料酒适量

做法 steps

1. 将所有食材洗净。红枣去核；干桂圆肉、干银耳分别用水泡发。

2. 干百合、干红莲子用清水泡发；鸡肉斩成块。

3. 锅中注入适量清水，放入鸡块，淋入料酒，大火烧开，煮 3 分钟后捞出。

4. 锅中注入适量清水，放入鸡块，加入玫瑰花、红莲子、百合、红枣。

5. 倒入泡发的桂圆肉、银耳，大火烧开，盖上锅盖，转小火煲 2 小时。

6. 加入盐调味，盛出，撒上少许干玫瑰花碎即可。

营养及功效

　　银耳富含天然胶质，有较好的滋阴作用，长期服用可以润肤，并有祛除脸部黄褐斑、雀斑的功效，堪称平价燕窝。玫瑰花能美容养颜，有助于改善皮肤干燥状况、消除色斑和改善肤色。

四物时蔬炖鸡汤

烹饪时间 85 分钟

原料 ingredients

当归 10 克，川芎 5 克，白芍 20 克，熟地 20 克，鸡腿 1 个，山药 100 克，西蓝花 80 克，生菜 30 克，白玉菇 50 克，红枣 15 克

调料 seasonings

盐 2 克，料酒 10 毫升

做法 steps

① 将所有食材洗净。山药去皮，切滚刀块，放入清水中浸泡以防止氧化；西蓝花切朵；白玉菇去根、拨散。

② 锅中注入适量清水，放入鸡腿，大火烧开，淋入少许料酒，煮 3 分钟后捞出，过冷水。

③ 锅中注入适量清水，放入鸡腿、当归、川芎、白芍、熟地、红枣、山药，大火煮沸，盖上锅盖，转小火煮 1 小时。

④ 放入西蓝花、白玉菇，煮 10 分钟。

⑤ 再放入生菜，撒入盐拌匀，盛出即可。

营养及功效

由当归、川芎、白芍、熟地煮成的四物汤是美容圣品，有助于气血通畅，常喝能使人脸色红润、肌肤光滑。

原料 ingredients

菠菜100克，猪肝150克，
松子20克，枸杞8克，
姜片5克，鸡汤500毫升

调料 seasonings

盐2克，料酒8毫升

补血猪肝汤

做法 steps

① 将所有食材洗净。猪
肝切片，用清水浸泡
片刻，再揉洗去血水；
菠菜切段。

② 锅中注入鸡汤烧开，放
入猪肝、姜片、松子、
枸杞，淋入少许料酒，
盖上锅盖，煮15分钟。

③ 倒入菠菜，煮至熟透。

④ 加入盐调味，盛出即可。

烹饪时间
20
分钟

蜜枣银耳乳鸽汤

原料 ingredients

乳鸽 1 只，蜜枣 20 克，干百合 10 克，干银耳 30 克，枸杞 10 克

调料 seasonings

盐 3 克

烹饪时间 142 分钟

做法 steps

① 将所有食材洗净。乳鸽斩成块；银耳用清水泡发。

② 锅中注入适量清水，放入乳鸽，大火烧开，煮 3 分钟以去除血水，捞出。

③ 另起锅，注入清水，放入乳鸽，再放入蜜枣、干百合、水发银耳，大火烧开，盖上锅盖，煮 2 小时。

④ 加入盐拌匀，撒入枸杞，煮 5 分钟即可。

营养及功效

民间称鸽子为"甜血动物"，认为鸽肉能改善皮肤细胞活力，增强皮肤弹性，改善血液循环，使人面色红润。

萝卜牛肉汤

烹饪时间
75分钟

原料 ingredients

牛肉200克,白萝卜100克,胡萝卜80克,葱段、姜片各5克,清汤300毫升

调料 seasonings

盐、白胡椒粉、鸡粉各2克,食用油20毫升,料酒5毫升

做法 steps

① 将所有食材洗净。牛肉切成块;白萝卜、胡萝卜均切菱形块。

② 锅中注入适量清水,放入牛肉块,大火烧开,余2分钟,捞出。

③ 锅中注入油烧热,放入葱段、姜片爆香,放入牛肉块,淋入料酒,翻炒片刻,注入清汤煮沸,转小火,加盖,煮30分钟。

④ 放入白萝卜、胡萝卜,加盖,再煮30分钟。

⑤ 加入盐、白胡椒粉、鸡粉拌匀,盛出即可。

营养及功效

　　铁是造血所必需的元素,牛肉中富含铁,多食牛肉有助于改善缺铁性贫血,使气色变得更好。

原料 ingredients

当归 50 克，冬瓜 200 克，
蛤蜊 5 个，虾 5 只，胡萝
卜 30 克

调料 seasonings

盐 2 克，料酒 10 毫升

当归养血汤

烹饪时间
30分钟

做法 steps

① 将所有食材洗净。蛤蜊
用清水浸泡，吐净泥
沙；当归用清水浸泡片
刻；虾从背部开一刀，
去除虾线，洗净备用；
冬瓜去皮切片；胡萝
卜去皮，切菱形片。

② 锅中注入适量清水烧
开，放入当归、冬瓜、
胡萝卜，再淋入料酒。

③ 盖上锅盖，转小火煮 20
分钟，放入蛤蜊、虾，
煮 5 分钟。

④ 加入盐拌匀，盛出即可。

保湿美白，皮肤会发光

金瓜蹄筋汤

原料 ingredients

金瓜1个，水发牛蹄筋150克，枸杞5克，浓鸡汤500毫升

调料 seasonings

盐3克

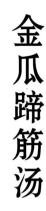

烹饪时间 55分钟

做法 steps

① 将金瓜洗净，切掉顶部，挖空内瓤，修整齐，待用。

② 锅中注入浓鸡汤，放入水发蹄筋。

③ 大火烧开，煮15分钟，加入盐拌匀。

④ 将煮好的蹄筋和汤汁转到金瓜内，放入上汽的蒸锅中，撒上枸杞，加盖蒸30分钟，取出即可。

营养及功效

牛蹄筋含有丰富的胶原蛋白，经常食用可以补充肌肤所需，使肤色明显好转，并能让皮肤细腻光滑、紧实有弹性。

黑白美容汤

烹饪时间 **80** 分钟

原料 ingredients

猪瘦肉 100 克，干木耳、干银耳各 15 克，干山楂 10 克，桂圆 20 克，红枣 30 克，蜜枣 15 克

营养及功效

　　银耳有"菌中之冠"的美称，经常吃可以滋润皮肤。黑木耳含有丰富的蛋白质，维生素 E 含量也非常高，是美白肌肤的佳品。

做法 steps

① 将干木耳放入清水中泡发，去掉杂质并洗净；干银耳放入清水中泡发，捞出后去掉黄色部分，洗净。

② 猪瘦肉冲洗净，切成大块。

③ 锅中注入适量清水，放入肉块，大火烧开，煮 2 分钟，撇去浮沫，捞出。

④ 锅洗净，注入适量清水，放入水发银耳、水发木耳、肉块。

⑤ 再放入桂圆、红枣、蜜枣，大火烧开，盖上锅盖，转小火，煮 1 小时。

⑥ 放入干山楂，转大火，煮 10 分钟至沸腾，盛出即可。

无花果百合猪蹄汤

烹饪时间 130分钟

原料 ingredients

猪蹄1只，干无花果20克，沙参5克，干百合30克，陈皮10克

调料 seasonings

盐3克

做法 steps

① 将所有食材洗净。猪蹄斩成块；干无花果放入清水中浸泡片刻。

② 锅中注入适量清水，放入猪蹄，大火烧开，煮3分钟以去除血水，捞出。

③ 另起锅，注入适量清水，放入猪蹄，再加入无花果、沙参、陈皮、干百合，大火煮沸，盖上锅盖，转小火煲2小时。

④ 加入盐调味，盛出即可。

营养及功效

　　猪蹄中的胶原蛋白在烹调过程中可转化成明胶，它能改善机体生理功能和皮肤组织细胞的储水功能，使皮肤水水嫩嫩。

原料　ingredients

苹果 120 克，鲢鱼 100 克，瘦肉 150 克，红枣 30 克，姜片 5 克，鸡骨高汤 1000 毫升

调料　seasonings

盐 3 克，黄酒 8 毫升，白胡椒粉 3 克，食用油 20 毫升

鲢鱼苹果汤

做法　steps

① 将所有食材洗净。苹果去皮、核，切成瓣；鲢鱼切成段；瘦肉切成片；红枣去核。

② 锅中注入食用油烧热，放入鲢鱼、姜片，淋入黄酒，煎片刻，倒入肉片、红枣稍微翻炒。

③ 注入鸡骨高汤煮沸，加盖，转小火，炖 20 分钟。

④ 放入苹果，加盖，再煮 20 分钟。

⑤ 加入盐、白胡椒粉拌匀，盛出即可。

烹饪时间
55 分钟

酸白菜白玉汤

烹饪时间 30 分钟

原料 ingredients

酸白菜 80 克，老豆腐 100 克，核桃仁 30 克，胡萝卜 40 克，鸡骨高汤 800 毫升

调料 seasonings

盐 3 克

做法 steps

1. 酸白菜切块；老豆腐洗净，切块；核桃仁压碎；胡萝卜去皮，切菱形片。

2. 锅中注入鸡骨高汤烧开，放入酸白菜、老豆腐、核桃、胡萝卜。

3. 加盖，转小火，煮 20 分钟。

4. 加入盐调味，盛出即可。

营养及功效

　　豆腐含有丰富的营养素，如蛋白质、维生素、钙等，有较好的美白祛斑的作用，可以提高肌肤的抗氧化能力，改善暗沉的肤色，使皮肤变得细嫩柔白。

原料 ingredients

绿豆 40 克，苹果 60 克，胡萝卜 50 克，洋葱 40 克，豌豆 35 克，蔬菜高汤 800 毫升

调料 seasonings

盐 2 克

蔬果绿豆汤

做法 steps

① 将所有食材洗净。绿豆用清水浸泡 2 小时；胡萝卜、苹果均去皮，切丁；洋葱切丁。

② 锅中注入蔬菜高汤煮开，放入水发绿豆，盖上锅盖，转小火，煮30 分钟。

③ 放入胡萝卜、苹果、洋葱、豌豆，盖上锅盖，煮 15 分钟。

④ 加入盐调味，盛出即可。

烹饪时间
175
分钟

抗衰去皱，做一个不老女人

牛肉松子抗衰汤

原料　ingredients

牛肉 150 克，娃娃菜 70 克，荷兰豆 50 克，西红柿 60 克，口蘑 50 克，松子 20 克

调料　seasonings

盐 2 克

做法　steps

1. 将所有食材洗净。娃娃菜切大块；口蘑切片；西红柿切瓣；荷兰豆去筋；牛肉切片。

2. 锅中注入适量清水，放入牛肉、松子，大火烧开，盖上锅盖，煮 30 分钟。

3. 放入口蘑、西红柿，煮 5 分钟。

4. 放入荷兰豆、娃娃菜，煮 2 分钟，加入盐调味，盛出即可。

营养及功效

　　牛肉可以促进代谢，西红柿中的番茄红素和维生素 E 能使皮肤细腻光滑，松子有很好的软化血管、延缓衰老的作用。三者同食，能润肤美容。

胡萝卜玉米鸡爪汤

烹饪时间 **75** 分钟

原料 ingredients

鸡爪4个，排骨1根，玉米100克，荸荠50克，胡萝卜70克

调料 seasonings

盐3克，料酒5毫升

做法 steps

① 将所有食材洗净，玉米切段，胡萝卜切滚刀块。

② 荸荠去皮；鸡爪切去爪尖；排骨斩成段。

③ 锅中注入适量清水，放入排骨，大火烧开，煮3分钟以去除血水，捞出。

④ 锅中注入适量清水，放入鸡爪，淋入料酒，大火烧开，煮3分钟以去除血水，捞出。

⑤ 另起锅，注入适量清水，放入鸡爪、排骨、玉米、胡萝卜、荸荠，大火烧开，撇去浮沫，盖上锅盖，转小火煲1小时。

⑥ 撒入盐调味，盛出即可。

营养及功效

　　鸡爪可以增强皮肤张力、消除皱纹；玉米含有维生素E及谷氨酸，有抗衰老的作用。二者同食，可以淡化皱纹。

干贝莲藕汤

烹饪时间 **22** 分钟

原料 ingredients

莲藕 200 克，干贝 20 克，鱼板 40 克，胡萝卜 60 克，水发海带 30 克，鸡骨高汤 800 毫升

调料 seasonings

盐 2 克

做法 steps

1. 将所有食材洗净。莲藕去皮，打上花刀，切成片，泡入水中以防止变色；干贝用清水泡发。

2. 鱼板切片；胡萝卜切片，用模具按出花型；海带切丝。

3. 锅中注入鸡骨高汤烧热，放入莲藕、干贝、鱼板、胡萝卜、海带，加盖，煮 15 分钟。

4. 加入盐调味，盛出即可。

营养及功效

　　海带含有丰富的钙和碘，能净化血液，促进甲状腺激素的合成，起到抗衰、美容的作用。

原料 ingredients

土豆 100 克，西红柿 80
克，豌豆 30 克，西芹 50
克，口蘑 70 克，洋葱 50
克，蒜片 10 克，鸡骨高
汤 1000 毫升

调料 seasonings

盐 2 克

地中海蔬菜汤

做法 steps

① 将所有食材洗净。土豆
去皮，切成丁；西红柿、
洋葱均切丁；口蘑切片；
西芹斜刀切段。

② 锅中注入鸡骨高汤烧
开，放入蒜片、土豆、
西红柿、洋葱，煮 20
分钟。

③ 放入豌豆、西芹、口蘑，
煮 5 分钟。

④ 加入盐调味，盛出即可。

烹饪时间
35分钟

丰胸美体，散发十足女人味

什锦猪蹄汤

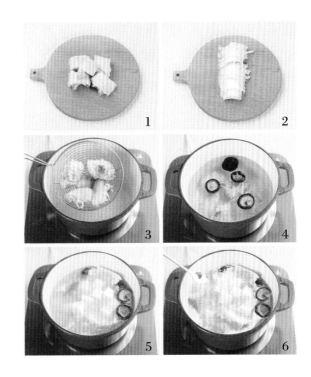

1 2 3 4 5 6

烹饪时间 140分钟

原料 ingredients

猪蹄1只，豆腐150克，干香菇30克，胡萝卜40克，娃娃菜50克，姜丝5克

调料 seasonings

盐3克

做法 steps

① 将所有食材洗净。猪蹄斩成块；胡萝卜去皮，切成菱形片。

② 干香菇泡发，打上十字花刀；娃娃菜切块；豆腐切块。

③ 锅中注入适量清水，放入猪蹄，大火烧开，煮3分钟以去除血水，捞出。

④ 另起锅，注入适量清水，放入猪蹄、姜丝、水发香菇，大火煮沸，盖上锅盖，转小火煮2小时。

⑤ 加入胡萝卜片、娃娃菜、豆腐，煮10分钟。

⑥ 加入盐拌匀，盛出即可。

营养及功效

猪蹄中的胶原蛋白可以增强皮肤弹性和光洁度，多吃猪蹄对于女性具有丰胸作用。

原料　ingredients

鸡爪 4 只，木瓜 200 克，
干花生 40 克

调料　seasonings

盐 3 克

木瓜花生鸡爪汤

烹饪时间 **90**分钟

做法　steps

① 将所有食材洗净。鸡爪去掉爪尖；木瓜去皮、籽，切成菱形块；干花生泡入清水中，待用。

② 锅中注入适量清水，放入鸡爪，大火烧开，煮3 分钟以去除血水，捞出。

③ 另起锅，注入清水，放入鸡爪、水发花生，大火烧开，盖上锅盖，转小火，煮 45 分钟。

④ 放入木瓜，盖上锅盖，再煮 30 分钟，撒入盐拌匀，盛出即可。

营养及功效

木瓜中丰富的木瓜蛋白酶对乳腺发育很有助益，所含木瓜酵素能刺激卵巢分泌雌激素。木瓜加上富含胶原蛋白的鸡爪煮成汤，有丰胸美体的作用。

1

2

3

4

花生红豆鲫鱼汤

烹饪时间
35分钟

原料 ingredients

鲫鱼1条，花生50克，红豆30克，鸡骨高汤1000毫升，香菜5克

调料 seasonings

盐3克，生粉20克，食用油20毫升

做法 steps

① 将鲫鱼处理干净，抹上生粉；花生放入清水中浸泡片刻，洗净；红豆放入清水中泡发，洗净。

② 锅中注入少许食用油烧热，放入鲫鱼，小火煎片刻，注入鸡骨高汤，大火煮沸。

③ 放入水发花生、水发红豆，加盖，转小火，煮20分钟。

④ 加入盐调味，盛出即可。

营养及功效

鲫鱼含有蛋白质、维生素A、B族维生素、钙、磷、铁等营养成分，具有促进发育的作用。

原料 ingredients

花生 60 克, 枸杞 15 克,
银耳 10 克, 牛奶 500 毫升

调料 seasonings

冰糖适量

牛奶花生汤

做法 steps

① 将花生、枸杞放入清水
中浸泡片刻, 洗净; 银
耳浸入清水中, 直至发
起, 去掉黄色部分, 洗
净, 切成朵。

② 锅中注入少许清水, 加
入牛奶, 烧热。

③ 放入银耳、花生、枸杞,
加盖, 转小火, 煮20
分钟。

④ 放入冰糖, 搅拌至溶
化, 盛出即可。

烹饪时间
25
分钟

瘦身消脂，喝出窈窕身材

泰式时蔬海鲜汤

烹饪时间 **18** 分钟

原料 ingredients

基围虾60克，鱿鱼100克，
草菇30克，圣女果60克，
西芹30克，青柠檬半个，
泰式酸辣汤800毫升

调料 seasonings

盐3克，棕榈糖5克

做法 steps

① 将所有食材洗净。西芹斜刀切块；基围虾开
背，去虾肠，剪掉虾须；处理好的鱿鱼筒切
成圈；草菇切片；圣女果对半切开；青柠檬
取汁，备用。

② 将泰式酸辣汤倒入锅中，煮至沸腾，放入圣
女果，煮5分钟。

③ 放入处理好的基围虾、鱿鱼，煮3分钟。

④ 放入草菇、西芹，搅拌均匀，煮5分钟。

⑤ 将挤过柠檬汁的半颗青柠檬放入锅中。

⑥ 加入盐、棕榈糖，淋入柠檬汁拌匀即可。

营养及功效

　　西芹富含膳食纤维，能促进排便，防止代谢物累积。圣女果可以减少热量的
摄入，减少脂肪在体内堆积，同时为身体补充多种维生素，从而起到瘦身、美颜
的效果。

鲑鱼笋菇汤

原料 ingredients

鲑鱼120克,鲜香菇40克,
竹笋80克,胡萝卜60克,
豌豆苗40克,蔬菜高汤
800毫升

调料 seasonings

盐2克

烹饪时间
25
分钟

做法 steps

① 将所有食材洗净。竹笋去皮,对半切开,再切
   片;鲜香菇切片;胡萝卜去皮,切菱形片;鲑
   鱼切片。

② 锅中注入蔬菜高汤烧开,放入鲑鱼、鲜香菇、
   竹笋、胡萝卜,煮15分钟。

③ 放入豌豆苗,再煮2分钟。

④ 加入盐调味即可。

营养及功效

　　鲑鱼可以帮助消除水肿;豌豆苗的膳食纤维含
量比较丰富,食用后能起到清肠和防治便秘的作用。
二者同食,可以帮助减肥。

菠蛋翡翠汤

烹饪时间 10 分钟

原料 ingredients

玉米 80 克，菠菜 50 克，香菇 30 克，玉米须 15 克，胡萝卜 20 克，洋葱 20 克，鸡蛋 1 个，蔬菜高汤 500 毫升

调料 seasonings

盐 2 克

做法 steps

1. 将所有食材洗净。玉米切成小段；菠菜切成小段；香菇切片；胡萝卜去皮，切成细丝；洋葱切丝。

2. 锅中注入蔬菜高汤，烧开，放入玉米、香菇、胡萝卜丝、洋葱丝和玉米须，煮约 3 分钟。

3. 打入鸡蛋，煮 3 分钟。

4. 放入菠菜段煮片刻，调入盐，拌匀即可。

营养及功效

　　玉米含有丰富的膳食纤维，可以刺激胃肠蠕动，防止便秘；菠菜含有大量的粗纤维，也具有促进肠道蠕动的作用。二者同食，可以帮助身体排出毒素。

原料　ingredients

排骨 150 克，冬瓜 100 克，薏米 100 克，枸杞 5 克，荷兰豆 20 克，红彩椒 20 克

调料　seasonings

白醋 5 毫升，盐 3 克

冬瓜消脂汤

做法　steps

1. 将所有食材洗净。冬瓜去皮，切成薄片；薏米用温水泡发；枸杞用冷水泡发。

2. 荷兰豆去筋，红彩椒切成菱形小块，排骨剁成小块。

3. 锅中注入适量清水，放入排骨段，煮 3 分钟，捞出。

4. 锅洗净，再注入适量清水，放入排骨段、薏米，加盖煮约 1 小时。

5. 放入冬瓜片、荷兰豆、红彩椒块，煮约 20 分钟，放入枸杞，调入盐，煮片刻即可。

烹饪时间
90 分钟

玉米萝卜汤

烹饪时间 **25** 分钟

原料 ingredients

白萝卜 150 克，玉米 100
克，干黄花菜 20 克，豆
腐 150 克，西蓝花 80 克，
鸡骨高汤 500 毫升

调料 seasonings

盐 3 克

做法 steps

① 将所有食材洗净。白萝卜切成滚刀块；玉米
切成小段；干黄花菜用清水泡发；豆腐切成
小片；西蓝花切成小朵，洗净。

② 锅中注入鸡骨高汤烧开，放入白萝卜、玉米、
黄花菜，煮沸后再煮 15 分钟。

③ 放入豆腐、西蓝花，煮 5 分钟，放入盐调味
即可。

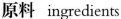

营养及功效

　　白萝卜的根茎部分含有淀粉酶等多种消化酶，能分解食物中的淀粉和脂肪，
可起到促进食物消化和新陈代谢，以及瘦身、解毒的作用。

原料 ingredients

黄瓜 80 克，红彩椒 30 克，
黄豆芽 80 克，枸杞 15 克，
干香菇 10 克，海带 50 克，
蔬菜高汤 500 毫升

调料 seasonings

盐 2 克

黄瓜利水豆芽汤

做法 steps

① 将所有食材洗净。黄瓜
切成条；红彩椒切成丝；
干香菇泡发，在菌盖上
打十字花刀；枸杞用清
水泡发；海带用清水泡
发后切成条。

② 锅中注入蔬菜高汤，
放入黄豆芽、干香菇、
海带条，煮沸。

③ 再放入黄瓜条、红彩
椒丝、枸杞，煮开后
放入盐调味即可。

烹饪时间
15分钟

养肝明目，做电眼美人

原料 ingredients

猪瘦肉 150 克，虫草花 15 克，淮山 20 克，芡实 10 克，桂圆 15 克

调料 seasonings

盐 3 克

虫草花桂圆煲瘦肉

烹饪时间
135 分钟

做法 steps

1

2

① 将所有食材洗净。虫草花泡入清水中；桂圆去壳，与芡实、淮山一起放入碗中，注入清水，浸泡 10 分钟；猪瘦肉切大块。

② 锅中注入清水，放入猪瘦肉块，大火烧开，煮 2 分钟以去除血水，捞出。

3

③ 另起锅，倒入清水，放入猪瘦肉块，加入泡好的淮山、芡实、桂圆、虫草花，大火烧开，盖上锅盖，转小火，煲 2 小时。

④ 加入盐拌匀，盛出即可。

4

营养及功效

虫草花含有丰富的蛋白质、氨基酸以及虫草素、甘露醇等成分，能调理人体内环境，提高肝脏的解毒能力。

山药苦瓜煲猪肝

烹饪时间 **25**分钟

原料 ingredients

猪肝 200 克，猪瘦肉 100
克，苦瓜 150 克，山药
80 克，枸杞 10 克，蒜末、
姜末各 5 克，鸡骨高汤
500 毫升

调料 seasonings

盐 3 克，食用油 15 毫升

做法 steps

① 猪肝处理好，切成薄片；猪瘦肉洗净，切成
片；苦瓜洗净，切成片；山药去皮，洗净后
切成片。

② 锅中注入油烧热，放入姜末、蒜末爆香，再
放入猪肝片、瘦肉片，翻炒至变色。

③ 加入鸡骨高汤，放入山药片、枸杞、盐，煮开。

④ 再放入苦瓜，煮约 10 分钟即可。

营养及功效

猪肝中含有丰富的维生素 A，能保护眼睛，维持视力，防止眼睛干涩，与枸
杞同食，能养肝明目。

原料 ingredients

西葫芦 150 克，猪瘦肉 150 克，干香菇 15 克，干菊花 10 克，韭菜花 50 克，红彩椒块 20 克，鸡骨高汤 500 克

调料 seasonings

盐 2 克

香蔬菊花汤

烹饪时间
40分钟

做法 steps

1. 猪瘦肉洗净，切成片；西葫芦洗净，切成滚刀块；干香菇和干菊花分别用清水泡发，在香菇菌盖上打十字花刀；韭菜花切成段。

2. 锅中注入鸡骨高汤，放入猪瘦肉片、香菇、菊花、西葫芦，煮约 30 分钟。

3. 放入红彩椒片、韭菜花段，煮至断生。

4. 调入盐,煮至入味即可。

原料 ingredients

西芹 80 克，红彩椒、黄彩椒各 70 克，菜花 60 克，西蓝花 30 克，鸡蛋 1 个，鸡骨高汤 800 毫升

调料 seasonings

盐 2 克

蔬菜荷包蛋汤

烹饪时间
12 分钟

做法 steps

① 黄彩椒、红彩椒均切成块；西蓝花、菜花均切成小朵；西芹斜切成段。

② 锅中倒入鸡骨高汤烧热，放入西蓝花、菜花、红彩椒、黄彩椒、西芹，煮 5 分钟。

③ 将鸡蛋打入锅中，煮约 3 分钟成荷包蛋。

④ 加入盐调味即可。

营养及功效

西蓝花含有丰富的维生素 C，能增强肝脏的解毒能力。此外，西蓝花和菜花等十字花科蔬菜都有护肝的作用。

乌黑秀发，健康有光泽

原料 ingredients

猪肝150克,何首乌10克,
姜片5克,枸杞5克

调料 seasonings

盐3克

何首乌猪肝汤

做法 steps

1

2

3

4

① 猪肝切成片。

② 将洗净的猪肝泡入清水中,放入姜片,浸泡片刻后滤去血水。

③ 锅中注入适量清水烧开,放入何首乌、枸杞,转小火,加盖,煮30分钟。

④ 揭盖,放入猪肝煮至熟透,加入盐拌匀,盛出即可。

营养及功效

何首乌自古以来就是人们养发护发的佳品,还有强壮神经、健脑益智等作用。

鸡蛋首乌汤

原料 ingredients

何首乌 20 克，鸡蛋 2 个

烹饪时间
45分钟

做法 steps

① 将何首乌浸泡入清水中。

② 锅中注入适量清水烧开，放入鸡蛋，煮 10 分钟后捞出，浸入冷水中过凉，剥去外壳。

③ 锅中注入适量清水烧开，放入何首乌、鸡蛋。

④ 加盖，转小火，煮 30 分钟即可。

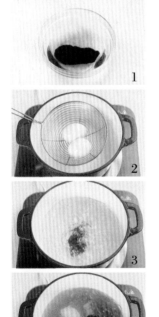

营养及功效

何首乌可健脑益智、补肝益血，有显著的抗衰老作用。中年女性经常食用何首乌，可防止早衰、延缓头发变白。

丝瓜木耳汤

烹饪时间 **12** 分钟

原料 ingredients

干黑木耳 30 克，丝瓜 150 克，蒜末 5 克，鸡骨高汤 500 毫升

调料 seasonings

盐 2 克，食用油 10 毫升

做法 steps

① 丝瓜去皮，去蒂，洗净，切成滚刀块；干黑木耳用清水泡发后洗净，去蒂。

② 锅中注入油烧热，放入蒜末爆香，下入水发黑木耳，翻炒匀。

③ 倒入适量清水，烧开后放入丝瓜块，煮约 8 分钟。

④ 加盐调味即可。

营养及功效

　　铁和铜是促进头发黑色素合成的重要元素，头发变白的人应多吃富含这两种元素的食品，如黑木耳，可以乌发美颜。

原料 ingredients

蜜枣 20 克，红枣 25 克，
核桃仁 100 克

调料 seasonings

白糖 3 克

蜜枣核桃汤

做法 steps

① 红枣洗净，去核。

② 锅中注入适量的清水，
放入蜜枣、红枣、核桃
仁，盖上盖子，煮约
30 分钟。

③ 揭开盖子，放入白糖，
搅拌至白糖完全溶化
即可。

烹饪时间
35 分钟

第三章

五脏调养汤，
从里美到外

汤之所以能成为餐桌上必不可少的角色，
其口味鲜美是一方面原因，
更重要的原因是它可对症调理身体。
人的五脏六腑其实也"挑食"，
不同的部位所需的养分也不一样，
以汤润五脏，营养又健康。

清热降火

苦瓜菠萝排骨汤

烹饪时间 100分钟

原料 ingredients

菠萝半个，苦瓜半根，排骨1根

调料 seasoning

盐3克

做法 steps

① 苦瓜切厚片，去芯。

② 菠萝去皮切块；排骨斩成段。

③ 锅中注入适量清水，放入排骨段，大火烧开，煮3分钟，撇去浮沫，捞出。

④ 锅洗净，再注入适量清水，放入排骨段、苦瓜、菠萝。

⑤ 大火煮沸，盖上锅盖，再转小火，煲1.5小时。

⑥ 揭盖，调入盐调味，盛出即可。

营养及功效

苦瓜能清热消暑、养血益气，菠萝具有清热解渴、消食止泻的作用，二者同食，可以清除身体热气，排除体内毒素。

菊花猪肝汤

原料 ingredients

猪肝 100 克，干菊花 10 克

调料 seasoning

盐 3 克，料酒 10 毫升

做法 steps

1. 猪肝切片，洗净，淋入料酒腌渍以去除腥味。
2. 干菊花冲洗一下，放入温水中泡开。
3. 锅中注入适量清水烧开，倒入菊花和泡菊花的水，小火煮 10 分钟。
4. 放入猪肝，煮 20 分钟后加入盐，拌匀即可。

营养及功效

　　猪肝能补充维生素 B_2 并排出毒素；菊花味苦性微寒，能清热解毒。二者同食，可以清风热、降火。

金银花煲老鸭汤

烹饪时间 130 分钟

原料 ingredients

干金银花 10 克，老鸭肉 250 克，无花果 15 克，姜片 5 克，枸杞 5 克

调料 seasoning

盐 3 克，料酒 10 毫升

做法 steps

① 老鸭肉洗净，斩成块；金银花、无花果分别泡入清水中。

② 锅中注入适量清水，放入鸭肉，淋入料酒，大火烧开，汆 3 分钟后捞出。

③ 另起锅，注入清水，放入鸭肉、金银花、无花果、姜片、枸杞，大火烧开，加盖，转小火，煲 2 小时。

④ 加入盐拌匀，盛出即可。

营养及功效

　　鸭肉味甘、性寒，可以清热；金银花芳香疏透，既能清热解毒，又能疏散风寒。二者同食，有较好的清热解毒之效。

原料 ingredients

莲藕 180 克，莲子 25 克，绿豆 50 克，松子 15 克，红枣 10 克，茯神 8 克

调料 seasoning

冰糖 5 克

绿豆莲藕汤

做法 steps

① 莲藕去皮，切成片，再对半切开，放入清水中浸泡以防止氧化变黑。

② 绿豆用清水浸泡；莲子、松子均洗净；红枣、茯神分别泡发，备用。

③ 锅中注入适量清水，放入茯神、绿豆、红枣，煮约 30 分钟。

④ 捞出茯神，放入莲藕、莲子、松子，煮约 15 分钟，再放入冰糖，煮至冰糖完全溶化即可。

祛湿排毒

五行蔬菜排骨汤

1 2 3 4 5 6

烹饪时间
65分钟

原料 ingredients

排骨200克, 白萝卜80克,
胡萝卜80克, 牛蒡80克,
秋葵20克, 黄彩椒30克,
鲜香菇30克, 水发木耳
40克, 白果15克

调料 seasoning

盐3克, 白醋5毫升

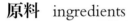

做法 steps

① 将所有食材洗净。秋葵切段; 水发木耳切
小块; 黄彩椒切小块; 香菇切块; 白萝卜、
胡萝卜、牛蒡分别去皮, 切滚刀块; 排骨
斩成段。

② 锅中注入适量清水, 放入排骨, 大火烧开,
余3分钟后捞出。

③ 另起锅, 注入清水, 放入排骨、胡萝卜、木
耳, 淋入白醋, 加盖, 转小火, 煮30分钟。

④ 加入白萝卜、牛蒡、香菇, 加盖再煮20分钟。

⑤ 放入黄彩椒、秋葵、白果, 煮5分钟。

⑥ 放入盐拌匀, 盛出即可。

营养及功效

牛蒡可促进血液循环和新陈代谢, 并有调理肠道的作用; 胡萝卜能清热、润肠、
通便。二者同食, 可以帮助身体排毒。

广东清补凉瘦肉汤

烹饪时间 130分钟

原料 ingredients

猪瘦肉300克，山药50克，干百合25克，薏米30克，莲子20克，芡实15克，红枣20克

调料 seasoning

白糖5克

做法 steps

① 山药洗净，带皮切成圆片；猪瘦肉切片；干百合、薏米、莲子、芡实分别泡入水中。

② 锅中注入适量清水，放入猪瘦肉，大火烧开，汆2分钟后捞出。

③ 另起锅，注入清水，放入猪瘦肉、山药、干百合、薏米、莲子、红枣、芡实，大火烧开，加盖，转小火，煲2小时。

④ 加入白糖拌匀，盛出即可。

营养及功效

　　这道汤是广东人常用的祛湿汤，用到的薏米、百合、芡实等食材都有补脾胃、益肾、祛湿的作用，平补不燥，为春季祛湿佳品。

原料 ingredients

猪瘦肉 200 克，红豆 30 克，薏米 30 克，白茯苓 15 克，陈皮 10 克

调料 seasoning

盐 2 克

祛湿杂粮茯苓汤

做法 steps

① 红豆、薏米分别泡入水中；猪瘦肉洗净，切成小块。

② 锅中注入适量清水，放入猪瘦肉块，大火烧开，汆 2 分钟后捞出。

③ 另起锅，注入清水，放入猪瘦肉、白茯苓、陈皮、红豆、薏米，大火煮开，加盖，转小火，煲 2 小时。

④ 加入盐拌匀，盛出即可。

烹饪时间 130 分钟

原料 ingredients

老鸭肉 250 克，绿豆 50 克，
土茯苓 10 克

调料 seasoning

料酒 10 毫升，盐 3 克

土茯苓绿豆老鸭汤

烹饪时间 190 分钟

做法 steps

① 将绿豆放入清水中浸泡；土茯苓切块；鸭肉斩成块。

② 锅中注入适量清水，放入鸭肉，淋入料酒，大火烧开，汆 3 分钟后捞出。

③ 另起锅，注入清水，放入鸭肉、土茯苓、绿豆，加盖，转小火，煲 3 小时。

④ 加入盐拌匀，盛出即可。

营养及功效

　　土茯苓能健脾胃、强筋骨、祛湿解毒，绿豆也有类似功效，因此这两样食材在老火靓汤里经常使用，能起到清热解毒、养阴补肾的作用。

陈皮薏米水鸭汤

烹饪时间 160 分钟

原料 ingredients

鸭肉 250 克，薏米 50 克，陈皮 15 克，姜片 5 克

调料 seasoning

盐 3 克，料酒 10 毫升

做法 steps

① 鸭肉洗净，斩成块；薏米泡入清水中；陈皮泡软后切成丝。

② 锅中注入适量清水，放入鸭肉，淋入料酒，大火烧开，氽 3 分钟，捞出。

③ 另起锅，注入清水，放入鸭肉、姜片、薏米、陈皮，大火烧开，加盖，转小火，煲 2.5 小时。

④ 加入盐拌匀，盛出即可。

营养及功效

薏米有健脾利湿、清热排脓、除痹止泻的作用，陈皮能润燥祛湿、健脾理气，二者合用，可缓解身体湿气过重带来的不适。

原料 ingredients

薏米 50 克，大白菜 100 克，红彩椒 20 克，豌豆 20 克，蔬菜高汤 500 毫升

调料 seasoning

盐 2 克

豌豆薏米蔬菜汤

做法 steps

① 将所有食材洗净。薏米用温水泡发；大白菜切大片；红彩椒切成小块。

② 锅中放入蔬菜高汤、薏米，煮 30 分钟。

③ 再放入豌豆、红彩椒、大白菜，煮 10 分钟。

④ 调入盐，拌匀即可。

烹饪时间 45 分钟

滋阴润燥

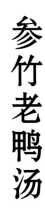

原料 ingredients

番鸭肉 250 克，沙参 5 克，
玉竹 10 克，枸杞 5 克

调料 seasoning

盐 3 克

参竹老鸭汤

烹饪时间
135
分钟

做法 steps

① 玉竹用清水浸泡片刻；鸭肉斩成块。

② 锅中注入适量清水，放入鸭肉块，大火烧开，余 3 分钟后捞出。

③ 另起锅，注入适量清水，放入鸭肉块、玉竹、沙参，大火烧开，盖上锅盖，转小火煲 2 小时。

④ 放入盐拌匀，撒入枸杞，煮 5 分钟，盛出即可。

1

2

3

4

营养及功效

沙参具有滋阴清肺、养胃生津、除热的作用；玉竹含淀粉和黏液质等有效成分，可以养阴润燥、润肠通便；老鸭能滋阴补血。用上述食材做成的参竹老鸭汤，是很好的滋阴汤品。

银耳鹌鹑蛋汤

烹饪时间 45分钟

原料 ingredients

银耳 30 克，鹌鹑蛋 5 个，枸杞 5 克

调料 seasoning

冰糖 15 克，食用油 5 毫升

做法 steps

① 银耳用清水浸泡 15 分钟，取出，去掉黄色部分，撕成小朵；枸杞泡入清水中。

② 锅中注入适量清水烧开，放入银耳，转小火，煲 20 分钟。

③ 取 5 个小盅，刷上食用油，分别打入鹌鹑蛋。

④ 将小盅放入烧开的蒸锅中，蒸 5 分钟至定型。

⑤ 取出小盅，将鹌鹑蛋从小盅内取出。

⑥ 煲银耳的锅中放入冰糖，煮至溶化，放入鹌鹑蛋、枸杞，煮至沸腾即可。

营养及功效

银耳又名白木耳，被称为"菌中之冠"，是平价而常用的滋补佳品，有滋阴补肾、润肺降火的作用。

西红柿牡蛎汤

烹饪时间 8 分钟

原料 ingredients

牡蛎肉 100 克，西红柿 70 克，白洋葱 40 克，豌豆苗 35 克，蒜末 5 克，浓鸡汤 800 毫升

调料 seasoning

盐 3 克

做法 steps

1. 将所有食材洗净。西红柿切小瓣；白洋葱切小块；牡蛎取肉洗净，泡入清水中。

2. 锅中注入浓鸡汤，放入白洋葱、蒜末，加热至沸腾。

3. 放入牡蛎、西红柿，煮 3 分钟。

4. 加入盐拌匀，放入豌豆苗煮 1 分钟即可。

营养及功效

牡蛎是著名的海鲜，含有丰富的蛋白质、脂肪、钙、磷、铁等营养成分，素有"海底牛奶"之美称，有嫩肤、美颜、降血压和滋阴养血的作用。

原料 ingredients

排骨 120 克，蛤蜊 100 克，海带结 30 克，胡萝卜 80 克，姜片 5 克

调料 seasoning

盐 3 克，料酒 10 毫升

蛤蜊海带排骨汤

做法 steps

① 将蛤蜊泡入淡盐水中，吐尽泥沙，洗净；排骨斩成段；胡萝卜去皮，洗净，切滚刀块。

② 锅中注入适量清水，放入排骨，淋入料酒，氽水 3 分钟后捞出。

③ 另起锅，注入清水，放入姜片、排骨、海带结、胡萝卜，大火烧开，加盖，转小火，煲 1 小时。

④ 放入蛤蜊、盐，煮至蛤蜊壳张开即可。

烹饪时间
75 分钟

健脾养胃

佛手瓜炖瘦肉

烹饪时间 **70** 分钟

原料 ingredients

猪瘦肉 150 克，佛手瓜 150 克，红枣 30 克，蜜枣 2 颗

调料 seasoning

盐 3 克，料酒 5 毫升

做法 steps

① 将所有食材洗净，佛手瓜切成块，猪瘦肉切小块。

② 用筷子捅出红枣核，留红枣果肉备用。

③ 锅中注入适量清水烧开，放入瘦肉块，淋入料酒。

④ 放入蜜枣、红枣，搅拌均匀，煮沸。

⑤ 再放入佛手瓜，转小火，盖上盖，煲 1 小时。

⑥ 加入盐搅匀，煮片刻后盛出即可。

营养及功效

佛手瓜性凉味甘，归肺、胃、脾经，具有祛风清热、健脾开胃的作用，与猪肉一同食用，可以健脾养胃。

原料 ingredients

胡萝卜80克，莲藕150克，
排骨250克

调料 seasoning

盐2克，料酒8毫升

莲藕排骨汤

烹饪时间
95
分钟

做法 steps

① 将所有食材洗净。胡萝卜去皮，切成滚刀块；
莲藕去皮，切成滚刀块；排骨斩成段。

② 锅中注入适量清水，倒入排骨，淋入料酒，煮
3分钟后捞出。

③ 另起锅，注入清水，放入余好的排骨，再放入
莲藕、胡萝卜，大火烧开，加盖，转小火煲1.5
小时。

④ 放入盐拌匀即可。

营养及功效

莲藕能散发出一种独特的清香，有健脾止泻
的作用，还能增强食欲、促进消化。

薏米淮山芡实煲牛肚

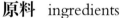

烹饪时间
100分钟

原料 ingredients

牛肚 300 克, 薏米 35 克, 芡实 30 克, 淮山 30 克, 红枣 15 克, 陈皮 5 克

调料 seasoning

盐 2 克

做法 steps

① 牛肚洗净控干, 切成小块, 备用。

② 薏米、芡实、淮山、陈皮均洗净; 红枣洗净, 去核, 备用。

③ 锅中注入适量的清水, 放入牛肚、薏米、芡实、淮山、红枣、陈皮, 大火煮开后转小火煮约 1.5 小时。

④ 放入盐调味即可。

营养及功效

　　牛肚性平、味甘, 有补虚、益脾胃的作用。薏米含有多种维生素和矿物质, 有促进新陈代谢和减少胃肠负担的作用。二者同食, 可以保护脾胃。

原料　ingredients

南瓜 300 克，鲜山药 200
克，红枣 20 克

调料　seasoning

红糖 2 克

红枣南瓜山药汤

做法　steps

① 鲜山药洗净，去皮，切
成块；南瓜洗净，去皮、
瓤，切成块。

② 红枣洗净，去核，待用。

③ 锅中注入适量的清水，
放入南瓜块、山药块、

红枣，拌匀后盖上盖，
煮约 50 分钟。

④ 放入红糖，搅拌至红
糖完全溶化即可。

烹饪时间
60
分钟

调经止痛

益母草黑豆瘦肉汤

原料 ingredients

瘦肉250克，黑豆50克，
薏米30克，益母草5克，
枸杞5克

调料 seasoning

盐2克

烹饪时间
110分钟

做法 steps

① 瘦肉切成块；黑豆、薏米分别泡入清水中。

② 锅中加水，放入猪瘦肉块，大火烧开，煮2分钟以汆去血水，捞出。

③ 另起锅，注入清水，放入猪肉块、水发黑豆、水发薏米和益母草，盖上锅盖，转小火煲1.5小时。

④ 放入枸杞，撒入盐，再煮10分钟，盛出即可。

营养及功效

益母草被称作"为女人而生的草"，具有活血调经、祛瘀止痛、利尿消肿等作用，是治疗女性月经病的重要药物，既能利水消肿，又能活血化瘀。

田七当归猪蹄汤

烹饪时间 130 分钟

原料 ingredients

猪蹄 1 个，红枣 15 克，
当归 10 克，田七 10 克

调料 seasoning

盐 3 克

做法 steps

① 将猪蹄洗净，放入沸水锅中，煮约 8 分钟，捞出，斩成大块。

② 将当归、田七、红枣洗净，备用。

③ 锅中注入适量清水，放入猪蹄、当归、田七、红枣，煲煮约 2 小时。

④ 调入盐调味即可。

营养及功效

田七可养血活血，当归可补血，二者常常被用来治疗月经不调或痛经，与猪蹄一起煲汤，可以缓解经期不适的症状。

原料 ingredients

乌鸡肉 200 克, 莲子 30 克,
糯米 15 克, 罐头白果 30 克

调料 seasoning

盐 2 克, 料酒 10 毫升,
白胡椒粉 4 克

白果乌鸡汤

烹饪时间
130 分钟

做法 steps

① 将所有食材洗净。乌鸡肉斩成块;莲子、糯米分别泡入水中。

② 锅中注入适量清水,放入乌鸡肉,淋入料酒,大火烧开,余 3 分钟,捞出。

③ 另起锅,注入清水,放入乌鸡块、白果、莲子、糯米,大火烧开,加盖,转小火煲 2 小时。

④ 加入盐、白胡椒粉调味即可。

099

原料 ingredients

干山楂 30 克，山药 120 克，
鸡骨高汤 800 毫升

调料 seasoning

盐 3 克，芝麻油 5 毫升，
水淀粉 10 毫升

山药山楂汤

烹饪时间
25
分钟

做法 steps

① 山药去皮，切圆片；干山楂中倒入清水，浸泡
10 分钟。

② 锅中倒入鸡骨高汤，放入山楂、山药，煮 10
分钟。

③ 加入盐、芝麻油。

④ 淋入水淀粉勾芡，煮至汤汁浓稠即可。

营养及功效

　　山楂有活血化瘀的作用，可以帮助解除局部瘀
血症状，与山药一起煲汤，可以起到调经的作用。

枣莲葡萄汤

烹饪时间
30
分钟

原料 ingredients

山药 150 克，莲子 80 克，
葡萄干 20 克，红枣 15 克

调料 seasoning

红糖 3 克

做法 steps

① 将山药去皮，切成小块，放入水中浸泡片刻；
莲子放入温水中浸泡。

② 莲子、葡萄干、红枣均洗净，捞出沥干，备用。

③ 锅中注入适量的清水，放入山药、莲子、葡
萄干、红枣，搅拌均匀，盖上盖子，煲煮
25 分钟。

④ 放入红糖，搅拌均匀即可。

营养及功效

红枣本身虽具有补血的作用，但只吃红枣的话效果并不明显。若女性想缓解
经期不适，可以用红枣搭配葡萄干等食材一起吃。

原料　ingredients

红豆 150 克, 板栗肉 120 克, 桂圆 15 克, 陈皮 5 克

调料　seasoning

红糖 5 克

陈皮红糖桂圆汤

做法　steps

① 红豆用清水泡发, 其他食材用清水洗净, 备用。

② 锅中注入适量清水烧开, 放入红豆、板栗, 煮约 90 分钟。

③ 放入桂圆、陈皮, 再煮 30 分钟。

④ 放入红糖调味即可。

烹饪时间 130 分钟

第四章

这些汤可改善
上班族的亚健康状态

很多工作都要求女性超负荷用脑，
大脑和身体长期处于紧绷的状态，
就会产生各种不适。
通过汤羹，针对各种小问题进行补养，
让身体放松一点，再放松一点。

改善用脑过度，提高记忆力

原料 ingredients

鲫鱼 1 条，莲子 50 克，
银耳 25 克，猪瘦肉 100 克，
姜片 5 克，枸杞 5 克

调料 seasoning

盐 3 克，食用油 20 毫升

健脑鲫鱼汤

烹饪时间
80分钟

做法 steps

① 鲫鱼去鳞、内脏，洗净备用；莲子用清水泡发；银耳、枸杞均用清水泡发；瘦肉洗净，切成片。

② 锅中注入油烧热，撒上盐，放入鲫鱼，煎至两面焦黄。

③ 放入银耳、瘦肉片、莲子，倒入适量清水，放入枸杞、姜片，搅拌均匀。

④ 盖上盖子，煮约 1 小时后放入盐搅匀即可。

营养及功效

　　鲫鱼肉可以为身体提供丰富的蛋白质，莲子可以安神醒脑，二者同用，可以改善脑力不足、记忆力下降的状况。

花生核桃煲大头鱼

烹饪时间
110分钟

原料 ingredients

大头鱼鱼头 1 个，核桃 50
克，花生 50 克，桂圆 25 克，
茯苓 15 克，芡实 15 克，
红枣 25 克，姜片 5 克

调料 seasoning

盐 2 克，料酒 15 毫升，
食用油 20 毫升

做法 steps

① 鱼头处理干净，淋上料酒，抹匀；桂圆、芡实泡入清水中。

② 锅中倒入食用油烧热，放入姜片爆香，再放入鱼头，煎至两面呈金黄色。

③ 注入适量清水烧开，放入核桃、花生、桂圆、茯苓、芡实、红枣，加盖，转小火，煲 1.5 小时。

④ 加入盐调味，盛出即可。

营养及功效

　　鱼头不仅肉质鲜嫩可口，还是补脑的佳品；核桃中所含的微量元素锌是脑垂体的重要成分，常食有益于补充大脑所需。二者同食，可以健脑益智。

原料 ingredients

剥壳熟鹌鹑蛋 40 克，木耳 15 克，猪瘦肉 80 克，冬笋 30 克，胡萝卜 50 克

调料 seasoning

水淀粉 10 毫升，盐、白胡椒粉各 3 克，生抽、芝麻油各 5 毫升

瘦肉笋片鹌鹑蛋汤

做法 steps

1 木耳放入清水中泡发；冬笋去皮，切片；胡萝卜去皮，切片；猪肉切成片。

2 猪肉放入碗中，撒上白胡椒粉和 1 克盐，加入水淀粉，搅拌均匀，腌渍 5 分钟。

3 锅中注入适量清水烧开，放入胡萝卜、木耳、冬笋、熟鹌鹑蛋，煮沸。

4 放入猪肉拌匀，撇去浮沫，煮至猪肉变色。

5 加入白胡椒粉、生抽、芝麻油和剩余盐，充分拌匀至入味即可。

烹饪时间
15分钟

海底椰核桃玉米煲鸡

烹饪时间 100分钟

原料 ingredients

土鸡半只，胡萝卜100克，玉米100克，核桃50克，南杏仁15克，海底椰80克，芡实20克

调料 seasoning

盐3克

做法 steps

1. 胡萝卜洗净，去皮后切成滚刀块；玉米切成小段；鸡肉剁成块。

2. 将核桃、南杏仁、海底椰、芡实一起放入清水中浸泡片刻。

3. 锅中注入适量清水，放入鸡肉块，煮沸约3分钟，捞出。

4. 锅中注入适量清水，放入汆过水的鸡肉块，下入核桃、南杏仁、海底椰、芡实。

5. 再放入玉米、胡萝卜块，拌匀，盖上盖，煮约1.5小时。

6. 调入盐拌匀即可。

营养及功效

核桃含有对神经系统生长有益的营养素，且这些成分在被脑吸收过程中有互补的效果，更好地达到补脑的目的。

黄花菜健脑汤

原料 ingredients

猪瘦肉100克，干香菇30克，干黄花菜40克，鸡骨高汤800毫升

调料 seasoning

盐3克，料酒8毫升，水淀粉10毫升，芝麻油5毫升

做法 steps

① 猪瘦肉切丝，加入少许盐、料酒、水淀粉拌匀。

② 干香菇泡入清水中，泡发后打上十字花刀；干黄花菜泡入清水中。

③ 锅中倒入鸡骨高汤煮沸，放入猪瘦肉丝煮至变色，撇去浮沫。

④ 放入香菇、黄花菜，煮15分钟，加入盐、芝麻油拌匀，盛出即可。

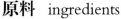

营养及功效

　　黄花菜也叫"健脑菜"，含有丰富的卵磷脂，对增强和改善大脑功能有重要作用，同时能清除动脉内的沉积物，还能改善注意力不集中、记忆力减退等症状。

原料 ingredients

金针菇 30 克，鲜香菇 10
克，菠菜 20 克，胡萝卜
50 克，鸡骨高汤 300 毫升

调料 seasoning

盐 2 克，鸡粉 3 克，胡椒
粉适量

金针菇蔬菜汤

做法 steps

1. 洗净的菠菜切成小段；
洗净去皮的胡萝卜切
片；鲜香菇打上花刀；
洗净的金针菇切去根
部，备用。

2. 砂锅中注入适量清水，
倒入鸡骨高汤，盖上盖，
用大火煮沸。

3. 放入金针菇、香菇、胡
萝卜拌匀，盖上盖，继
续煮 10 分钟至熟。

4. 放入菠菜，加入盐、
鸡粉、胡椒粉拌匀，
装入碗中即可。

烹饪时间

15分钟

缓解精神压力，改善睡眠

茯苓菊花猪肉汤

烹饪时间 **70** 分钟

原料 ingredients

猪瘦肉400克，菊花15克，白茯苓20克，黑芝麻20克，姜片5克

调料 seasoning

盐2克

做法 steps

① 猪瘦肉切成小块。

② 菊花用温水泡发。

③ 锅中注入清水，放入切好的瘦肉块，煮开2分钟后捞出。

④ 锅中注入适量清水，放入瘦肉块、黑芝麻、白茯苓、姜片，煮约1小时。

⑤ 放入菊花煮片刻。

⑥ 放入盐，搅拌均匀即可。

营养及功效

菊花有良好的镇静作用，与同样具有镇静作用的白茯苓一起食用，能使人放松身心、醒脑提神。

莲子百合煲瘦肉

烹饪时间
100分钟

原料 ingredients

干百合20克，莲子30克，
猪瘦肉150克，姜片5克

调料 seasoning

水淀粉15毫升，盐2克

做法 steps

① 猪瘦肉切块；干百合、莲子均泡入清水中。

② 锅中注入适量清水，放入猪瘦肉，大火烧开，煮2分钟后捞出。

③ 另起锅，注入清水，放入猪瘦肉、姜片、干百合、莲子，大火烧开，加盖，转小火，煲1.5小时。

④ 加入盐拌匀，淋入水淀粉搅拌至汤汁浓稠，盛出即可。

营养及功效

　　百合味甘性寒，能养阴润肺、清心安神，与具有清心除烦、宁心安神功效的莲子一起食用，可以缓解神思恍惚、失眠多梦的情况。

原料 ingredients

鸡翅 70 克，金针菇 40 克，四季豆 50 克，西红柿 80 克，鸡骨高汤 800 毫升

调料 seasoning

番茄酱 20 克，黑豆酱 10 克，咖喱粉 10 克

西红柿鸡翅汤

做法 steps

① 鸡翅打上一字花刀；金针菇去根；四季豆斜刀切段；西红柿切瓣。

② 锅中注入鸡骨高汤烧开，放入鸡翅、金针菇，加盖，转小火煮15分钟。

③ 放入西红柿、四季豆，煮 2 分钟。

④ 放入番茄酱、黑豆酱、咖喱粉拌匀，煮 3 分钟，盛出即可。

烹饪时间 23分钟

原料 ingredients

蛤蜊 30 克，鲜虾 70 克，牡蛎肉 50 克，白洋葱 30 克，红薯 80 克，西芹 40 克，黄彩椒 30 克，大蒜 15 克，蔬菜高汤 1000 毫升

调料 seasoning

盐 2 克，番茄酱 20 克，咖喱粉 15 克

咖喱海鲜汤

烹饪时间
30
分钟

做法 steps

① 鲜虾去虾线；西芹斜刀切段；红薯去皮，切小块；黄彩椒切块；大蒜去皮，切片；白洋葱切小块。

② 锅中倒入蔬菜高汤加热，放入红薯、白洋葱、大蒜，煮 10 分钟。

③ 再放入蛤蜊、牡蛎肉、鲜虾，煮 5 分钟。

④ 放入咖喱粉、西芹、黄彩椒、番茄酱，煮 5 分钟，盛出即可。

营养及功效

牡蛎含有微量元素硒，这种物质对于稳定情绪非常有帮助。

酸枣仁
养心
安神汤

原料 ingredients

酸枣仁 10 克，鲑鱼 50 克，西蓝花 40 克，金针菇 30 克，鲜香菇 40 克，水发木耳、水发银耳各 50 克，莲子 20 克，葱花 3 克

调料 seasoning

盐 2 克

做法 steps

① 三文鱼切厚片；西蓝花切小块；金针菇去根；鲜香菇在菌盖上打上十字花刀；水发木耳、水发银耳均撕成小朵；莲子、酸枣仁分别泡入水中。

② 锅中注入清水烧开，放入酸枣仁，加盖，转小火，煮 20 分钟。

③ 放入水发银耳、水发木耳、莲子、香菇、金针菇，加盖，煮 15 分钟。

④ 放入西蓝花、鲑鱼，煮 5 分钟。

⑤ 加入盐拌匀，盛出，撒上葱花即可。

营养及功效

　　酸枣仁有一个美称叫"东方睡果"，因为它可以养肝、宁心、安神、敛汗，还可以提升睡眠质量，缓解头疼、眩晕，缓解紧张、焦虑、抑郁、神经衰弱等不适症状。

原料 ingredients

水发黄豆80克，豇豆100克，罐头白果40克，胡萝卜60克，蔬菜高汤800毫升

调料 seasoning

盐2克

豇豆胡萝卜白果汤

做法 steps

① 豇豆切小段；胡萝卜去皮，切粒。

② 锅中注入蔬菜高汤煮沸，放入黄豆，加盖，转小火，煮15分钟。

③ 揭盖，放入豇豆、胡萝卜、白果，加盖，煮10分钟。

④ 放入盐调味，盛出即可。

烹饪时间
30分钟

改善因作息时间不规律导致的内分泌失调

霸王花萝卜瘦肉汤

烹饪时间
100
分钟

原料 ingredients

霸王花 15 克, 无花果 7 颗,
雪梨 1 个, 胡萝卜 1 根, 北
杏仁 15 克, 猪瘦肉 250 克

调料 seasoning

盐 3 克

做法 steps

① 将霸王花放入清水中浸泡片刻, 捞出, 清洗
干净; 无花果和北杏仁均洗净, 浸泡片刻。

② 将猪肉洗净, 切成小块; 雪梨洗净, 去核,
切成块; 胡萝卜洗净, 去皮后切成块。

③ 锅中注入适量清水, 放入瘦肉块, 煮沸后再
煮约 2 分钟, 捞出。

④ 锅中注入适量清水, 放入瘦肉块、无花果、
北杏仁。

⑤ 再放入霸王花、雪梨、胡萝卜块, 拌匀。

⑥ 盖上盖子, 煮约 1.5 小时, 调入盐, 搅拌至
入味即可。

营养及功效

霸王花有清心润肺的作用, 还能降血脂、降血压、改善血液循环。

萝卜芦笋排骨汤

烹饪时间 140分钟

原料 ingredients

排骨 250 克，芦笋 70 克，胡萝卜 100 克，白萝卜 100 克，红枣 30 克，干香菇 25 克

调料 seasoning

盐 3 克

做法 steps

① 排骨斩成段；白萝卜、胡萝卜均切成滚刀块；芦笋去老皮，切段；干香菇泡入水中。

② 锅中注入适量清水，放入排骨，大火烧开，煮 3 分钟后捞出。

③ 另起锅，注入清水，放入排骨、胡萝卜、白萝卜、香菇、红枣，加盖，转小火，煮 2 小时。

④ 加入芦笋，煮 10 分钟。

⑤ 放入盐拌匀，盛出即可。

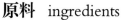
营养及功效

　　芦笋营养丰富，可消除疲劳、降低血压、改善心血管功能、增强食欲，还有提高机体代谢能力、提高免疫力的作用。

原料 ingredients

芥菜 100 克，猪肚 150 克，
红枣 30 克，姜片 10 克

调料 seasoning

白胡椒碎 8 克，盐 3 克，
料酒 15 毫升

胡椒芥菜猪肚汤

做法 steps

① 芥菜切大块；猪肚切块；
红枣去核。

② 锅中注入适量清水，放
入猪肚，淋入料酒，大
火烧开，3 分钟后捞出。

③ 锅中注入清水，放入猪
肚、芥菜、姜片、红枣

和白胡椒碎，大火煮开。

④ 加盖，转小火，煲 3
小时。

⑤ 加入盐拌匀，盛出即可。

烹饪时间
190
分钟

花旗参桂圆乳鸽汤

原料 ingredients

乳鸽 1 只，花旗参 15 克，
桂圆肉 25 克，红枣 20 克，
姜片 5 克

调料 seasoning

盐 2 克，料酒 10 毫升

做法 steps

① 将整只乳鸽处理好，洗净，备用。

② 锅中注入适量清水，放入乳鸽，煮开后放入料酒，再煮 5 分钟，捞出。

③ 锅中注入适量清水，放入乳鸽、桂圆、花旗参、红枣、姜片，煲煮 2 小时。

④ 放入盐，搅拌均匀即可。

营养及功效

　　花旗参又叫西洋参、洋参等，是一种常见的滋养补品，可以抗癌、抗疲劳、调节内分泌、增强抵抗力。

缓解肩颈酸痛，促进血液循环

原料　ingredients

羊肉 400 克，当归 10 克，
老姜 15 克，枸杞 10 克

调料　seasoning

盐 3 克，料酒 15 毫升

当归老姜羊肉汤

烹饪时间
100
分钟

做法　steps

① 将羊肉切成小块；当归片备好；枸杞用清水泡
发；老姜去皮，切成丝。

② 锅中注入适量清水，下入羊肉块，加入适量料
酒煮开，3 分钟后捞出。

③ 锅中注入适量清水，放入羊肉块、当归片、姜
丝，盖上盖，煮 1.5 小时。

④ 放入泡好的枸杞，调入少许盐，搅拌均匀即可。

营养及功效

　　羊肉性温、味甘，具有补虚祛寒、温补气血的
作用，可以缓解腰疼、病后虚寒等症状，与当归同
食，还可以促进血液循环。

牛膝杜仲红枣猪蹄汤

烹饪时间 130 分钟

原料 ingredients

猪蹄1只，杜仲5克，牛大力10克，田七8克，牛膝5克，红枣15克

调料 seasoning

盐2克

做法 steps

1. 将猪蹄洗净，放入沸水锅中，煮约8分钟，捞出，斩成大块。

2. 将田七拍碎，杜仲、牛大力、牛膝、红枣分别洗净，沥干水。

3. 锅中注入适量清水，放入所有原料，煲2小时。

4. 放入盐调味即可。

营养及功效

　　牛膝可以补肝肾、壮腰膝，常用于肝肾不足引起的筋骨酸软、腰膝疼痛。田七可促进血液细胞新陈代谢，有活血散瘀的功效。

原料 ingredients

鸡肉200克，五指毛桃30克，淡菜30克，淮山20克，蜜枣5克，花生40克，芡实20克

调料 seasoning

盐3克

五指毛桃老鸡汤

做法 steps

① 鸡肉斩成块；淡菜、五指毛桃（折断）、淮山、花生、芡实分别泡入清水中。

② 锅中注入适量清水，放入鸡块，大火烧开，3分钟后捞出。

③ 另起锅，注入清水，放入鸡块、蜜枣、淡菜、五指毛桃、淮山、花生、芡实，大火烧开，加盖，转小火，煲2小时。

④ 加入盐拌匀，盛出即可。

烹饪时间

135分钟

玫瑰鸡血藤乌鸡汤

烹饪时间 160分钟

原料 ingredients

乌鸡半只，鸡血藤8克，干玫瑰15克，猪瘦肉100克

调料 seasoning

盐2克，料酒10毫升

做法 steps

1. 猪瘦肉洗净，切成薄片；乌鸡洗净，斩成小块。

2. 玫瑰花用淡盐水浸泡30分钟。

3. 锅中注入适量清水，放入乌鸡块和少许料酒，煮3分钟后捞出。

4. 锅中注入适量清水，放入乌鸡块、瘦肉片。

5. 再放入鸡血藤、玫瑰花，盖上盖，炖2小时。

6. 放入盐，搅拌均匀即可。

营养及功效

　　玫瑰花可活血理气，促进血液循环；鸡血藤有行气、扶风、活血的作用。二者同食，可活血舒筋、养血调经。

消除身体疲乏之困倦

椰子淮杞炖鸡汤

烹饪时间 140分钟

原料 ingredients

椰子1个，鸡肉250克，猪瘦肉80克，淮山20克，枸杞5克，姜片5克

调料 seasoning

盐2克

做法 steps

1. 椰子去掉顶部1/3，制成椰子盅，将椰汁倒出，备用。

2. 鸡肉斩成块，猪瘦肉切块，枸杞用清水浸泡。

3. 锅中注入清水，放入鸡块，大火烧开，3分钟后捞出。

4. 汆过鸡肉的锅中放入猪瘦肉块，汆2分钟，捞出。

5. 将鸡块、猪瘦肉块装入椰子盅内，放入姜片、淮山、枸杞，倒入椰汁，放入少许盐。

6. 移至蒸锅内，用保鲜膜封好椰盅顶部，小火蒸2小时即可。

营养及功效

　　椰汁含糖类、脂肪、蛋白质、维生素和大量人体必需的微量元素，经常饮用，能益气、补充细胞内液，让人活力满满。

双菇煲鸡汤

烹饪时间 **130** 分钟

原料 ingredients

鸡肉200克，猴头菇40克，
金针菇20克，茯苓10克，
黄芪15克，枸杞5克

调料 seasoning

盐3克

做法 steps

① 鸡肉斩成块；金针菇去根；猴头菇、茯苓、黄芪分别泡入水中。

② 锅中注入清水，放入鸡肉，大火烧开，3分钟后捞出。

③ 另起锅，注入清水，放入鸡肉、枸杞、金针菇、猴头菇、茯苓、黄芪，大火烧开，加盖，转小火煲2小时。

④ 加入盐拌匀，盛出即可。

营养及功效

　　猴头菇是一种高蛋白、低脂肪、富含矿物质和维生素的优良食材，可以健体强身。黄芪含有糖类、叶酸和多种氨基酸等成分，能兴奋中枢神经系统，提精神，抗疲劳。

原料 ingredients

猪脊骨 250 克，莲子 30 克，
虫草花 15 克

调料 seasoning

盐 3 克，料酒 10 毫升

虫草花煲龙骨

做法 steps

① 猪脊骨斩段；莲子、虫
草花分别用清水浸泡。

② 锅中注入清水，放入猪
脊骨，淋入料酒，大火
烧开，3 分钟后捞出。

③ 另起锅，注入清水，放
入猪脊骨、莲子、虫草
花，大火烧开，加盖，
转小火煲 2 小时。

④ 加入盐拌匀，盛出即可。

烹饪时间

130
分钟

参须枸杞羊肉汤

1
2
3
4
5
6

烹饪时间
100分钟

原料 ingredients

羊肉 400 克，参须 15 克，枸杞 8 克，姜片 10 克

调料 seasoning

盐 3 克，料酒 10 毫升

做法 steps

① 枸杞用冷水泡发；参须用温水泡发；羊肉切成大块。

② 锅中注入适量清水，放入羊肉块，煮沸腾后继续煮约 3 分钟，捞出。

③ 锅中注入适量清水，放入羊肉、参须，煮约 1 小时。

④ 再放入枸杞，拌匀。

⑤ 加入料酒、姜片，煮约 30 分钟。

⑥ 加入盐，拌匀即可。

营养及功效

羊肉富含蛋白质，能有效缓解疲劳；参须能大补元气、抗疲劳、安定神经。二者同食，可以强健体魄、增强抵抗力。

第五章

孕产妇调理养生汤

计划要宝宝的女性，
在备孕期间就要注意饮食调养，
为宝宝提供一个优越的孕育环境。
而怀孕后的饮食则更要花心思，
既要注意安胎，
又要为宝宝生长发育提供所需的营养。

备孕期调养汤

山药枸杞牛肉汤

烹饪时间
75
分钟

原料 ingredients

牛肉 150 克，山药 100 克，
枸杞 7 克

调料 seasoning

盐 3 克，料酒 5 毫升

做法 steps

① 山药去皮，切滚刀块；牛肉切厚片；枸杞用清水泡发。

② 锅中注入适量清水烧开，放入牛肉片。

③ 淋入适量料酒，煮 2 分钟，撇去浮沫，捞出。

④ 锅中注入清水，放入牛肉片、山药，加盖，转小火，煲 1 小时。

⑤ 放入枸杞，煮 10 分钟。

⑥ 加入少许盐调味即可。

营养及功效

　　牛肉、枸杞可以帮助女性补气补血，是女性补养身体的常用食材。枸杞有很好的滋补作用，尤其对宫寒的女性效果更好。

红枣炖鹌鹑蛋

原料 ingredients

鹌鹑蛋 8 个，红枣 50 克

调料 seasoning

红糖 3 克

做法 steps

① 红枣去核，切成小瓣。

② 锅中注入适量清水，放入鹌鹑蛋，煮约 10 分钟，捞出剥去壳。

③ 锅中注入少许清水，放入鹌鹑蛋、红枣，盖上盖，煮 20 分钟。

④ 放入红糖，搅拌至红糖溶化即可。

1

营养及功效

此汤非常适合气虚、肾虚的备孕女性食用，尤其适用于气血虚弱、肾虚所导致的不孕以及着床不顺等症状。

双耳牡蛎汤

烹饪时间 **20** 分钟

原料 ingredients

牡蛎肉 100 克，水发木耳 60 克，水发银耳 50 克，鸡骨高汤 800 克

调料 seasoning

葱姜汁 20 毫升，盐 3 克，陈醋 5 毫升，白胡椒粉 2 克

做法 steps

① 将水发木耳、水发银耳撕成小块。

② 锅内加入鸡骨高汤烧热，放入木耳、银耳、葱姜汁煮约 15 分钟。

③ 放入牡蛎，煮 2 分钟。

④ 加入盐、陈醋、白胡椒粉调味，出锅装碗即成。

营养及功效

　　牡蛎是公认的含锌量极高的食物，而锌对于提高孕力有着重要的意义。同时，牡蛎也有宁心安神的作用，对于备孕期间需要放松身心的夫妇来说尤为重要。

原料 ingredients

生姜 20 克，红枣 15 克

调料 seasoning

红糖适量

红枣生姜汤

做法 steps

① 红枣洗净，去核；生姜洗净，去皮，切成大片。

② 锅中注入适量清水，放入生姜片、红枣，盖上盖，大火煮开后改小火煮 20 分钟。

③ 放入红糖，再煮 10 分钟即可。

烹饪时间
35 分钟

孕期营养汤

香菇干贝豆腐鸡汤

烹饪时间 **50**分钟

1
2
3
4
5
6

原料 ingredients

土鸡半只，干贝20克，
鲜香菇25克,豆腐200克,
葱花8克

调料 seasoning

盐2克

做法 steps

1. 将香菇去蒂，在菌盖上打上十字花刀。

2. 豆腐洗净后沥干，切成小块备用。

3. 鸡肉剁成小块；锅中注入清水烧开，放入鸡肉块，煮开后继续煮3分钟，捞出。

4. 锅中注入适量清水，下入鸡肉块、干贝，盖上锅盖，煮约15分钟。

5. 放入豆腐块、香菇，盖上锅盖，小火煮30分钟。

6. 加入盐拌匀，关火，撒上葱花即可。

营养及功效

这款干贝香菇鸡汤不仅能益气养血、滋阴补肾、调理气血循环、舒解心烦口渴，还能缓解神经衰弱、腰膝酸软、失眠多梦等孕期不适症状。

冬瓜排骨汤

烹饪时间 **90** 分钟

原料 ingredients

排骨 250 克，冬瓜 150 克，
姜片 5 克

调料 seasoning

盐 2 克

做法 steps

① 冬瓜带皮切大块；排骨斩成段。

② 锅中注入适量清水，放入排骨，大火烧开，
煮 3 分钟后捞出。

③ 另起锅，注入清水，放入排骨、姜片，加盖，
转小火，煮 1 小时。

④ 放入冬瓜，加盖，煮 20 分钟。

⑤ 放入盐拌匀，盛出即可。

营养及功效

　　冬瓜有清热、利尿、祛湿的作用，与排骨一同煮汤可以清热、利尿、消水肿、
缓解怀孕后期腿部水肿、便秘的状况。

原料 ingredients

乳鸽1只，猪瘦肉150克，
枸杞10克，姜片8克

调料 seasoning

盐3克，料酒10毫升

枸杞炖乳鸽

烹饪时间
130
分钟

做法 steps

① 猪瘦肉切块。

② 锅中注入清水，放入乳
鸽，淋入料酒，大火烧
开，煮5分钟后捞出。

③ 锅洗净，再次注入清水，
放入瘦肉块，大火烧开，
煮5分钟后捞出。

④ 另起锅，注入清水，
放入姜片、乳鸽、瘦
肉块，大火烧开，加盖，
转小火，煲2小时。

⑤ 加入盐，放入枸杞，
拌匀即可。

鲫鱼姜丝汤

烹饪时间
70
分钟

原料 ingredients

鲫鱼1条，砂仁2克，生姜10克

调料 seasoning

盐2克，料酒5毫升

做法 steps

① 将砂仁洗净，捞出，沥干水，捣碎；生姜去皮，切成丝。

② 鲫鱼去鳞、内脏，洗净，鱼腹中塞入部分姜丝。

③ 鱼腹中再放入砂仁碎。

④ 将处理好的鲫鱼放入碗中，转入蒸锅。

⑤ 鲫鱼上撒上剩余的姜丝，倒入适量清水使稍微没过鲫鱼，盖上盖，隔水蒸1小时。

⑥ 揭开盖，放入少许盐，淋上料酒，继续蒸片刻即可。

营养及功效

　　此汤可以安胎、止呕、醒胃，对妇女妊娠期间呕吐不止、胎动不安等有较好的缓解作用，还能增强食欲。

鲤鱼松蘑汤

烹饪时间 **30**分钟

原料 ingredients

鲤鱼1条，干松蘑20克，大葱末15克，姜末5克，葱花3克，香菜10克

调料 seasoning

料酒15毫升，芝麻油5毫升，盐4克

做法 steps

① 将松蘑用温水泡发。

② 鲤鱼取肉，剁成蓉，加水（少许）、料酒、芝麻油、盐（3克）、大葱末、姜末拌匀，制成鱼丸。

③ 锅中注入适量清水烧开，加入剩余的盐，放入鱼丸煮至定型，再放入松蘑，煮20分钟。

④ 撒上葱花，盛出即可。

营养及功效

鲤鱼富含优质蛋白质，人体消化吸收率可达96%，并能供给人体必需的氨基酸、矿物质、维生素A和维生素D等，为孕妇补充多种营养素。

原料 ingredients

莲藕300克,板栗肉25克,
葡萄干25克

调料 seasoning

盐2克

莲藕板栗汤

做法 steps

① 莲藕去皮,先切成片,
再对半切开,放入清水
中浸泡以防止表皮氧化
变黑。

② 将板栗、葡萄干洗净,
备用。

③ 锅中注入适量清水,放

入莲藕片、板栗,大
火烧开后转小火煮45
分钟。

④ 再加入葡萄干,放入
少许盐,煮片刻即可。

烹饪时间

50
分钟

月子期调养汤

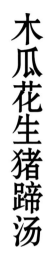

木瓜花生猪蹄汤

原料 ingredients

木瓜 200 克, 猪蹄 500 克,
花生 100 克, 眉豆 50 克,
红枣 20 克

调料 seasoning

盐 3 克

烹饪时间 125 分钟

做法 steps

① 木瓜去皮, 切成块; 眉豆洗净, 用清水泡发; 猪脚洗净, 剁成小块。

② 锅中注入适量清水, 放入猪脚, 煮沸后再煮约 3 分钟, 捞出。

③ 锅中注入适量清水, 放入猪蹄、花生、红枣、木瓜块、眉豆, 盖上盖, 煮 2 小时。

④ 放入盐, 搅拌均匀即可。

营养及功效

部分产妇产后会有乳汁不足的问题, 煲木瓜花生猪蹄汤饮用, 对促进乳汁分泌有显著效果。

牛奶炖猪蹄

烹饪时间 **85** 分钟

原料 ingredients

猪蹄块 200 克,红枣 10 克,
牛奶 80 毫升,高汤适量

调料 seasoning

料酒 5 毫升

做法 steps

① 锅中注入适量清水烧开,放入洗净切好的
猪蹄块,加少许料酒,煮约 5 分钟以去除
血水。

② 捞出猪蹄,过冷水,待用。

③ 砂锅中注入高汤烧开,放入猪蹄和红枣,
拌匀。

④ 盖上锅盖,用大火煮约 15 分钟,转小火煮
约 1 小时,至食材软烂。

⑤ 倒入牛奶拌匀,稍煮片刻,至汤水沸腾即可。

营养及功效

　　猪蹄含丰富的蛋白质、脂肪,有较强的活血、补血作用。猪蹄加牛奶煮成的
汤洁白香滑,可以帮助下奶。

原料 ingredients

乌鸡 250 克，核桃 30 克，
黑豆 40 克，莲子 25 克，
桂圆 20 克，红枣 15 克，
姜片 5 克

调料 seasoning

盐 3 克，料酒 10 毫升

核桃黑豆煲乌鸡

做法 steps

① 乌鸡斩成小块；黑豆、莲子、桂圆分别泡入清水中。

② 锅中注入清水，放入乌鸡块，淋入料酒，大火烧开，煮 3 分钟后捞出。

③ 另起锅，注入清水，放入乌鸡块、姜片、核桃、黑豆、莲子、桂圆、红枣，大火烧开，加盖，转小火，煲 2.5 小时。

④ 加入盐调味即可。

烹饪时间

月子生化汤

烹饪时间 183 分钟

原料 ingredients

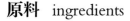

当归 25 克，川芎 10 克，
桃仁 6 克，炮姜 3 克，炙
甘草 3 克，米酒 900 毫升

做法 steps

① 将洗净的药材放入砂锅中，倒入约 600 毫
升米酒，盖上盖子，静置约 1 小时。

② 砂锅置于火上，取下盖子，搅拌几下，使药
材散开。

③ 煮至汤汁将沸时盖上盖子，转小火煮约 1 小
时，使药汁收浓至剩约 200 毫升。

④ 关火后倒在过滤网上滤取药汁，放入大碗中，
留药渣待用。

⑤ 砂锅再放置在大火上烧热，放入药渣，倒入
余下的米酒。

⑥ 盖上盖子，煮沸后用小火煮约 1 小时，使药
汁剩约 100 毫升。

⑦ 倒入大碗中，食用时滤取汤汁即可。